Daniel G. C. Sigmund

Untersuchungen zur Diversität larvaler Trichoptera-Artengemeinschaften im Speyerbach bei Neustadt (Pfalz)

Sigmund, Daniel G. C.: Untersuchungen zur Diversität larvaler Trichoptera-Artengemeinschaften im Speyerbach bei Neustadt (Pfalz). Hamburg, Bachelor + Master Publishing 2015
Originaltitel der Abschlussarbeit: Untersuchungen zur Diversität larvaler Trichoptera-Artengemeinschaften im Speyerbach bei Neustadt (Pfalz)

Buch-ISBN: 978-3-95820-334-1
PDF-eBook-ISBN: 978-3-95820-834-6
Druck/Herstellung: Bachelor + Master Publishing, Hamburg, 2015
Covermotiv: © Kobes · Fotolia.com
Zugl. Technische Universität Kaiserslautern, Kaiserslautern, Deutschland, Bachelorarbeit, August 2013

Bibliografische Information der Deutschen Nationalbibliothek:
Die Deutsche Nationalbibliothek verzeichnet diese Publikation in der Deutschen Nationalbibliografie; detaillierte bibliografische Daten sind im Internet über http://dnb.d-nb.de abrufbar.

© Bachelor + Master Publishing, Imprint der Diplomica Verlag GmbH
Hermannstal 119k, 22119 Hamburg
http://www.diplomica-verlag.de, Hamburg 2015
Printed in Germany

Zusammenfassung

Jedes Lebewesen stellt, um existieren und sich fortpflanzen zu können, bestimmte Ansprüche an seine Umgebung. Die Summe dieser Ansprüche wird als *ökologische Nische* bezeichnet. Leben Arten zusammen in einer Artengemeinschaft, müssen sich ihre Nischen unterscheiden, da sonst die schwächere Art verdrängt werden würde.

Die zentrale Frage dieser Arbeit ist es, wie sich Köcherfliegen einer Artengemeinschaft in ihren Umweltansprüchen unterscheiden, um langfristig koexistieren zu können.

Dazu wurden im Speyerbach (bei Neustadt/ Weinstraße) im Pfälzerwald an sieben Stellen im Februar 2013 in einen Zeitraum von zwei Wochen Köcherfliegenlarven gesammelt und bestimmt. Die gefundenen Arten waren *Hydropsyche siltalai, Lasiocephala basalis, Sericostoma personatum, Polycentropus flavomaculatus, Annitella obscurata* und *Rhyacophila producta*. Mit Hilfe weiterer Funde im Pfälzerwald und der Software Maxent wurde für die Arten *H. siltalai* und *S. personatum* ein Modell ihrer ökologischen Nische erstellt und mit einander verglichen.

Die Modelle ergaben, dass für beide Arten der Niederschlag im Mai und die Bodenbedeckung von großer Bedeutung sind. Dabei sorgt ein erhöhter Niederschlag bei beiden Arten dazu, dass die Wahrscheinlichkeit eines Vorkommens abnimmt.
Bei der Wahl der Bodenbedeckung unterscheiden sich die untersuchten Arten. Während *H. siltalai* häufiger in *künstlichen* und *bebaute*n Umgebungen vorkommt, bevorzugt *S. personatum* einen *immergrünen Nadelwald*. Außerdem ist die minimale Temperatur im Dezember für *H. siltalai* von großer Bedeutung, *S. personatum* reagiert hingegen stärker auf die mittlere Temperatur im Januar. Es konnten noch weitere unterschiedliche Ansprüche festgestellt werden, diese hatten aber nur einen kleinen Anteil am erhaltenen Modell.

Insgesamt konnte gezeigt werden, dass sich die Nischen von *H. siltalai* und *S. personatum* in bestimmten Umweltansprüchen unterscheiden und so eine Koexistenz möglich sein kann.

Abstract

Every species has certain needs of the environment to live and reproduce. The total of these needs is called *ecological niche*. If more than one species live in the same habitat, they must differ in their needs. If not, the stronger species will replace the weaker one.

The central question of this paper is how caddisflies living in a species community differ in their needs of environmental factors to coexist.

In the Speyerbach (near Neustadt/ Weinstraße) in the Palatinate Forest, caddisflies were collected at seven sites during two weeks in February 2013. The species that were found were *Hydropsyche siltalai, Lasiocephala basalis, Sericostoma personatum, Polycentropus flavomaculatus, Annitella obscurata* and *Rhyacophila producta.* The ecological niches of *H. siltalai* and *S. personatum* were modelled and compared using data from further locations and the software Maxent.

The niche models showed that the precipitation in May and the land cover is of great importance for both species. In both cases, an increased precipitation decreases the probability of occurrence.
The species differ in their preferred type of land cover. *H. siltalai* prefers artificial surfaces and associated areas, *S. personatum* prefers needle-leaved, evergreen tree covers. The minimum temperature in December is important for *H. siltalai*, for *S. personatum* the mean temperature in January is important. There also were further differences in the ecological niches of both species but they contributed less to the Maxent model.

Altogether it has been shown that the ecological niches of *H. siltalai* and *S. personatum* differ in specific needs and therefore enable coexistence.

Inhaltsverzeichnis

1. Einleitung

1.1 Nischendifferenzierung

Der Begriff der „Nische" wurde zuerst von Grinnell 1917 und von Elton 1927 in der Ökologie benutzt und über die Zeit unterschiedlich definiert (Munk, 2009). 1957 entwickelte Hutchinson das Modell, dass jeder Faktor einer Dimension entspricht, sodass die ökologische Nische einen n-dimensionalen Hyperraum mit n Faktoren bildet (Townsend, Harper & Begon, 2009). Nach Townsend, Harper & Begon (2009) ist die ökologische Nische die Summe aus Toleranzbereich und Ansprüchen eines Organismus. Die Ansprüche an die Umwelt können in biotische und abiotische Faktoren oder in Umweltbedingungen und Ressourcen unterteilt werden (Munk, 2009). Man unterscheidet die fundamentale und die realisierte ökologische Nische. Die fundamentale Nische beschreibt die Kombination von Umweltbedingungen und Ressourcen, die eine Art benötigt, um zu existieren und sich fortzupflanzen, in Abwesenheit von existenzbedrohenden Arten. Die realisierte Nische hingegen beschreibt alle nötigen Faktoren und berücksichtigt zusätzlich intra- und interspezifische Konkurrenz (Townsend, Harper & Begon, 2009). Jede Art bildet dabei ihre eigene ökologische Nische (Munk, 2009). Nach dem Konkurrenzausschlussprinzip müssen sich konkurrierende Arten, um in einer Artengemeinschaft langfristig koexistieren zu können, in ihrer ökologischen Nische unterscheiden, also eine Nischendifferenzierung zeigen, da ansonsten eine Art die andere verdrängen würde (Lampert & Sommer, 1992; Townsend, Harper & Begon, 2009).

Das Thema der Nischendifferenzierung dient auch als Fragestellung dieser Bachelorarbeit. Es soll untersucht werden, ob und wie sich die ökologischen Nischen von Köcherfliegen, die zusammen in einem gemeinsamen Lebensraum leben, unterscheiden, um nebeneinander koexistieren zu können.

1.2 Köcherfliegen

Köcherfliegen (*Trichoptera*) bilden eine Ordnung der Insekten mit circa 7000 Arten weltweit, davon sind 313 in Deutschland bekannt (Maier & Linnenbach, 2001). Sie sind holometabole Insekten, die bis auf die Gattung *Enoicyla*, alle während ihrer Larvalentwicklung und Metamorphose im Wasser leben (Ludwig, 1993). Bis auf wenige Arten haben sie ein zur Atmung geschlossenes Tracheensystem am Hinterleib (Engelhardt et al., 2008).

Man unterscheidet zwei Typen von Larven (Abb.1): Bei den eruciformen Larven steht der Kopf senkrecht zur Körperachse, ihre Mundwerkzeuge sind dadurch nach unten gerichtet (Ludwig, 1993). Diese Larven bauen einen Köcher (Ludwig, 1993). Die campodeiden Larven besitzen meistens keinen Köcher, ihre Kopfachse steht in Verlängerung zum Körper, sodass die Mundwerkzeuge nach vorne gerichtet sind (Ludwig, 1993).

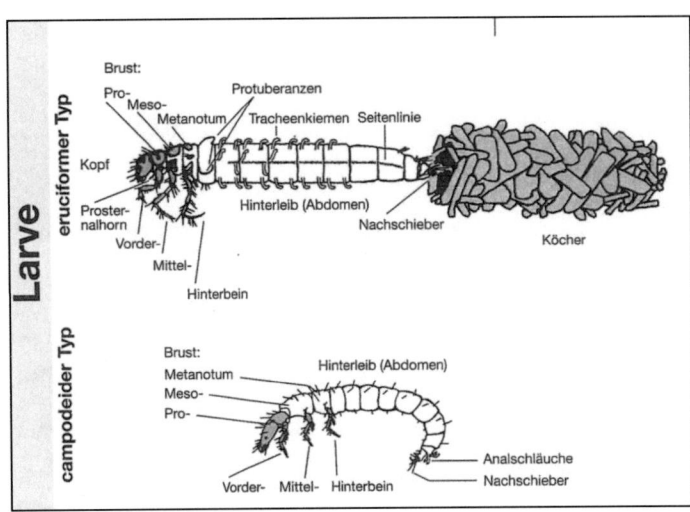

Abb. 1: Schematischer Körperbau der Köcherfliegenlarven. Eruciforme und campodeide Larven unterscheiden sich durch die Stellung des Kopfes im Vergleich zur Körperachse. Dazu besitzen eruciforme Larven immer einen Köcher (Bearbeitet nach Maier & Linnenbach, 2001).

Der Köcher der Larven, vom dem sie im Deutschen ihren Namen haben, schützt sie vor Prädatoren und beherbergt den weichen Hinterleib (Engelhardt et al., 2008). Er besteht je nach Art aus verschiedenen Fremdmaterialien (kleinen Steinen, Sand, Holz, Laub, Nadeln, kleine Schnecken- und Muschelschalen, etc.), die sie im Gewässer finden (Zrzavý, Storch & Mihulka, 2009) und werden mithilfe eines Spinnfaden zu einem arttypischen Seidenköcher verbaut (Engelhardt et al., 2008).

Den eruciformen Larven dient vor allem Pflanzenmaterial als Nahrung, während von den campodeiden Larven viele als Räuber leben (Engelhardt et al., 2008). Durch ihre unterschiedlichen Ansprüche an ihre Umgebung sind bestimmte Arten für bestimmte Gewässertypen charakteristisch (Engelhardt et al., 2008). Aufgrund dessen und ihrer hohen Präsenz und relativen Abundanz, werden sie häufig für biologische Fragestellungen und zur Bewertung der Wasserqualität verwendet (Holzenthal et al., 2007). Dank der guten Möglichkeiten Köcherfliegenlarven zu fangen und der oben genannten Vorteile sind sie auch für diese Arbeit das Untersuchungsobjekt.

1.3 Untersuchungsgebiet

Als Untersuchungsgebiet dieser Arbeit dient der Speyerbach. Er ist ein Fließgewässer 3. Ordnung vom Typ 5.1 (feinmaterialreiche silikatische Mittelgebirgsbäche). Der ökologische Zustand entspricht im oberen Speyerbach der Klasse 2 (*gut*), im mittleren und unteren Teil nur noch der Klasse 4 (*unbefriedigend*), was vor allem an der „erheblich veränderten" Gewässermorphologie liegt (Westermann et al., 2010). Der untersuchte Abschnitt liegt zwischen Lambrecht (Pfalz) und Neustadt (Weinstraße) (Abb. 2). Dieser Abschnitt wurde gewählt, da hier eine gute Zugänglichkeit gewährleistet ist. Ab Neustadt läuft der Speyerbach größtenteils umzäunt in einem Sandsteinbett und teilweise kanalisiert unter der Stadt, sodass es nur schwierig bis gar nicht möglich ist, an das Bachbett zu gelangen. Der untersuchte Abschnitt ist circa 4,5 km lang und entspricht dem Lebensraum des Rhithrals. Ein weiterer Vorteil ist, dass sich der Abschnitt teilweise innerhalb und teilweise außerhalb des Pfälzerwalds befindet. Der Speyerbach entspringt im Pfälzerwald, verlässt diesen am östlichen Rand und mündet bei Speyer in den Rhein, woher er auch seinen Namen hat. Somit entwässert er den Pfälzerwald in Richtung Osten (Förster, 2012). Der Pfälzerwald liegt im Süden von Rheinland-Pfalz und erstreckt sich auf einer Fläche von 135.590,44 Hektar (Landesamt für Umwelt, Wasserwirtschaft und Gewerbeaufsicht Rheinland-Pfalz, 2010). Er wird im Norden vom Nordpfälzer Bergland und im Süden von den Vogesen begrenzt, sowie im Nordwesten von Kaiserslautern und im Südosten von Neustadt an der Weinstraße (Geiger, 2010). Er liegt in der gemäßigten Klimazone zwischen dem atlantischen und dem kontinentalen Klimatypen (Geiger, 2010).

1.4 Species distribution models und Maxent

Modelle zur Artenverbreitung (*species distribution models, SDMs*) finden in vielen Bereichen Anwendung, vor allem in der Umweltforschung, der Ökologie, der Biogeographie und dem Naturschutz (Elith et al., 2011). Sie verknüpfen die räumliche Information über das Vorkommen einer Art in einem untersuchten Gebiet mit den dort auftretenden Umweltfaktoren (Franklin, 2009). Dadurch liefern sie sowohl Informationen über die ökologische Nische als auch über eine mögliche Eignung des Gebiets als Lebensraum für die untersuchte Art (Franklin, 2009). Zusammen mit extrapolierten Klimadaten kann auch eine potentielle Verbreitung der Art für die Zukunft beziehungsweise die Vergangenheit modelliert werden. Das Vorkommen einer Art wird entweder in Form von Präsenz-Absenz (*presence-absence*) oder nur in Präsenz (*presence-only*) erfasst, wobei die letztere die einfachere Form ist. Die Verwendung von presence-only Datensätzen hat jedoch auch Nachteile: Zum einen weiß man nicht, wie häufig eine Art in einem Gebiet vorkommt (Elith et al., 2011), zum anderen hat die Wahl der Untersuchungsstelle im Gebiet einen größeren Einfluss als bei Präsenz-Absenz-Datensätzen (Phillips et al., 2009). Durch das Verwenden von presence-only Daten ist es hingegen möglich, ältere Aufnahmen, die das Vorkommen einer Art belegen - zum Beispiel aus Museen oder Herbarien - für ein Modell nutzbar zu machen (Elith et al., 2011). Ein Programm, das mit solchen presence-only Daten arbeitet, ist Maxent (Phillips, Anderson & Schapire, 2006). Maxent ist seit 2004 kostenfrei verfügbar und wird seitdem in vielen Anwendungsbereichen verwendet (Elith et al., 2011). Das Ziel von Maxent ist es, die Wahrscheinlichkeit einer potentiellen Verbreitung einer Art in einem bestimmten Gebiet zu schätzen (Phillips, Anderson & Schapire, 2006), sowie die ökologische Nische einer Art zu modellieren. Das Programm arbeitet nach der Maximum-Entropie-Methode, von der es seinen Namen hat, und der Bayesschen Statistik (Phillips, Anderson & Schapire, 2006). Dafür benötigt es die Angaben über die Fundorte (Längen- und Breitenangabe im .asc-Format) und ein Raster an Umweltdaten für das jeweilige Gebiet in kontinuierlicher oder kategorischer Form. Als Ergebnis liefert Maxent eine potentielle Verbreitungskarte, sowie weitere statistische Berechnungen (ROC-Kurve, Jackknife-Test, Wirkungskurven, etc.), mithilfe derer man Aussagen zur ökologischen Nische geben kann. Da Maxent nur presence-only Daten benötigt und eines der neusten Programme zur Nischen- beziehungsweise Habitatmodellierung ist, ist es für die Analysen im Rahmen dieser Arbeit sehr gut geeignet.

2. Material & Methoden

2.1 Feldarbeit

Zu Beginn der Feldarbeit wurde geprüft, wo der Speyerbach auf dem zu untersuchenden Abschnitt am besten zugänglich ist. Danach wurden sieben Stellen (siehe Abb.2; Tab.1) ausgewählt und vom 12.2. - 23.2.2013 nach Köcherfliegenlarven abgesucht. Aufgrund der zeitlichen Entwicklung der Larven wurde der Untersuchungszeitraum vor den eigentlichen Zeitraum der Bachelorarbeit gelegt, sodass der Großteil der Köcherfliegenlarven sich im fünften und letzten Larvalstadium befand, was für eine eindeutige Artbestimmung wichtig ist.

Beim Beproben wurden, je nach Gegebenheit, verschiedene Methoden verwendet. Im Wasser wurde das *Kicksampling* (Meier et al.) angewandt. Dabei wird mit dem Fuß das Bodensubstrat in einer Tiefe von bis zu ca. 3cm aufgewirbelt, sodass die benthischen Trichopteralarven von der Strömung erfasst werden und mit Hilfe eines Siebes gefangen werden können. An Stellen mit Makrophyten wurde das Sieb gegen die Strömung durch die Pflanzen bewegt, um sich darin befindende Larven zu erfassen. An Stellen mit meso- bis makrolithalen Bereichen wurden einzelne Steine aus dem Wasser genommen und auf darauf lebende Larven untersucht und gegebenenfalls mit einer Pinzette gesammelt. Das gleiche wurde an Stellen mit xylalen Bereichen durchgeführt. Zur Konservierung wurden die Köcherfliegenlarven vor Ort in kleine Kautex-Flaschen mit 70%igen Ethanol gegeben. Dabei wurden von jeder Art, falls möglich, mehrere Exemplare gesammelt, um diese später besser bestimmen zu können. Da es sich um eine qualitative Analyse handelt und nicht um eine quantitative, mussten nicht alle Individuen erfasst werden.

2.2 Laborarbeit

Im Labor wurden die gesammelten Köcherfliegenlarven mit Ethanol in ein Blockglas gegeben und unter dem Binokular betrachtet. Mit Hilfe des *Atlas der österreichischen Köcherfliegenlarven* (Wahringer & Graf, 2004) wurde die jeweilige Trichoptera-Art bestimmt. Danach wurden die Larven nach Art, Fundort und Datum sortiert und wieder mit 70%igem Ethanol in kleine Glasgefäße gegeben, um sie für spätere Zwecke zu konservieren.

Abb. 2: Untersuchte Stellen des Speyerbachs. Zwischen Lambrecht (Pfalz) und Neustadt (Weinstraße) wurden im Speyerbach sieben Stellen ausgewählt und auf Köcherfliegenlarven beprobt. (Satellitenaufnahme Google Earth)

Tab. 1: Koordinaten der Probestellen im Speyerbach

Probestelle	Länge	Breite
1	8.087781°	49.374023°
2	8.096314°	49.369632°
3	8.105461°	49.367331°
4	8.108069°	49.356620°
5	8.113911°	49.357643°
6	8.117585°	49.354174°
7	8.127050°	49.350868°

Mit Hilfe von Sattelitenbildern aus *Google Earth* wurde die Probestelle am Speyerbach bestimmt und die dazugehörigen Koordinaten ermittelt (Tab. 1).

2.3 Maxent-Analyse

Zur Modellierung der potentiellen Artenverteilung wurde die Software Maxent (Version 3.3.3e; http://www.cs.princeton.edu/~schapire/maxent/) genutzt (Phillips et al., 2006; Phillips & Dudlík, 2008). Dafür wurden zunächst die Koordinaten der Fundorte mit Hilfe des Programmes *Google Earth* bestimmt (Tab. 1). Die Modellierung erfolgte nicht für alle gefundenen Arten, da dafür keine ausreichend große Datenmenge vorlag. Es wurden die zwei häufigsten Arten ausgewählt (Tab. 2) und für ein aussagekräftigeres Ergebnis zusätzlich Fundortdaten anderer Arbeiten verwendet (Tab.3). Für die Modellierung wurde ein Satz von Umweltdaten (6.1 verwendete Umweltdaten) für das Gebiet des Pfälzerwaldes genommen. Die Daten für Temperatur und Niederschlag stammen aus einer Interpolation von Punktklimadaten (1950-2000) in einer räumlichen Auflösung von 30 arcsec (~1 km) (http://www.worldclim.org). Die Informationen über die Landbedeckung und Höhenangaben stammen von DIVA-Gis (http://www.diva-gis.org), mit 22 Typen von Landbedeckung und ebenfalls einer räumlichen Auflösung von 30 arcsec. Eine genaue Beschreibung der Vorgehensweise mit Maxent und der verwendeten Umweltparameter findet sich bei Kusch & Schmitz (2013).

3. Ergebnisse

3.1 Speyerbachbeprobung

Durch Untersuchungen des Speyerbachs auf dem Abschnitt zwischen Lambrecht (Pfalz) und Neustadt (Weinstraße) konnten sechs Köcherfliegenarten nachgewiesen werden (Tab. 2).

Tab. 2: Gefundene Köcherfliegenlarven im Speyerbach mit Fundorten

Art (Familie)	Fundorte						
	1	2	3	4	5	6	7
Hydropsyche siltalai (Hydropsychidae)	x	x			x	x	x
Lasiocephala basalis (Lepidostomatidae)	x		x	x			
Sericostoma personatum (Sericostomatidae)		x		x			x
Polycentropus flavomaculatus (Polycentropodidae)	x					x	
Annitella obscurata (Limnephilidae)				x			
Rhyacophila producta (Rhyacophilidae)						x	

Mit einer Häufigkeit von fünf von sieben Fundorten kommt die Art *Hydropsyche siltalai* am häufigsten vor, gefolgt von *Lasiocephala basalis* und *Sericostoma personatum* mit drei Fundorten und *Polycentropus flavomaculatus* mit zwei Fundorten. Die Arten *Annitella obscurata* und *Rhyacophila producta* wurden jeweils nur an einem Untersuchungsort nachgewiesen.

3.2. Nischenmodellierung

Für beide Modellierungen mit Maxent wurden dieselben Umweltdaten verwendet. Für jede Modellierung wurde eine Kreuzvalidierung mit fünf Wiederholungen gewählt. Außerdem wurde ein *Jackknife-Test* durchgeführt, sowie die Wirkungskurven erstellt. Es wurden die Fundortkoordinaten aus Tab. 3 verwendet. Sie stammen zum Teil aus dem Speyerbach und zum Teil aus anderen Gewässern des Pfälzerwaldes.

Tab. 3: Fundorte der Arten *H. siltalai* und *S. personatum* aus verschiedenen Arbeiten

Art	*Hydropsyche siltalai*	*Sericostoma personatum*	
Fundorte	7.718243, 49.368003[f]	7.718243, 49.368003[f]	7.831667, 49.371389[f]
(in °Länge,	7.724288, 49.368221[f]	7.724288, 49.368221[f]	7.838169, 49.375714[e]
°Breite)	7.798471, 49.467231[b]	7.768684, 49.380230[c]	8.096314, 49.369632[a]
	7.803893, 49.465588[b]	7.769698, 49.379178[c]	8.108069, 49.356620[a]
	7.838169, 49.375714[f]	7.798040, 49.470443[f]	8.122900, 49.392300[d]
	8.087781, 49.374023[a]	7.807884, 49.358289[d]	8.123817, 49.395517[d]
	8.096314, 49.369632[a]	7.80885, 49.354367[d]	8.124133, 49.397950[d]
	8.113911, 49.357643[a]	7.810941, 49.355961[d]	8.133367, 49.38670[d]
	8.117585, 49.354174[a]	7.811217, 49.352433[d]	8.154483, 49.40555[d]
	8.127050, 49.350868[a]	7.813133, 49.355961[d]	8.166683, 49.402333[d]
		7.816350, 49.355417[d]	8.177050, 49.350868[a]
		7.819317, 49.35030[d]	

[a] eigene Funde

[b] Cob Chaves (2011): Köcherfliegenlarven (Trichoptera) als Zeigerarten für die Fließgewässergütebestimmung in einem feinmaterialreichen, silikatischen Mittelgebirgsbach der Pfalz. Bachelorarbeit, TU Kaiserslautern, Fachbereich Biologie

[c] Thoma (2011): Habitatdifferenzierung bei Trichoptera-Larven (Insecta) im Hornungstal und im Aschbachtal des Biosphärenreservats Pfälzerwald. Bachelorarbeit, TU Kaiserslautern, FB Biologie

[d] Anicker (2013): Untersuchungen zur Diversität larvaler Trichoptera-Artengemeinschaften in Fließgewässern des Pfälzerwaldes bei Kaiserslautern und am Haardtrand. Bachelorarbeit, TU Kaiserslautern, FB Biologie

[e] Brengel (2012): Untersuchungen zum Einfluss der Ufervegetation auf larvale Trichoptera-Artengemeinschaften in Fließgewässern des Pfälzerwaldes. Masterarbeit, TU Kaiserslautern, Fachbereich Biologie

[f] PD Dr. rer. nat. Kusch: persönliche Mitteilung

3.2.1 Nischenmodellierung für *Hydropsyche siltalai*

Als Ergebnis der Modellierung liefert Maxent eine Reihe von Daten und Graphen. Aufgrund der Fülle an Daten und für eine bessere Übersicht sind hier nur die wichtigsten Ergebnisse der Maxent-Analyse ausgewählt und zusammenfassend dargestellt.

Die ersten beiden Ergebnisse geben keine Information über die Verbreitung oder ökologische Nische der Art, sondern über die Güte des Modells. Es sind die *Absenzrate (omission rate)* und die *ROC-Kurve*. Diese Graphen sind eine Visualisierung der statistischen Ergebnisse für die Verzerrung beziehungsweise Zufälligkeit des Modells.

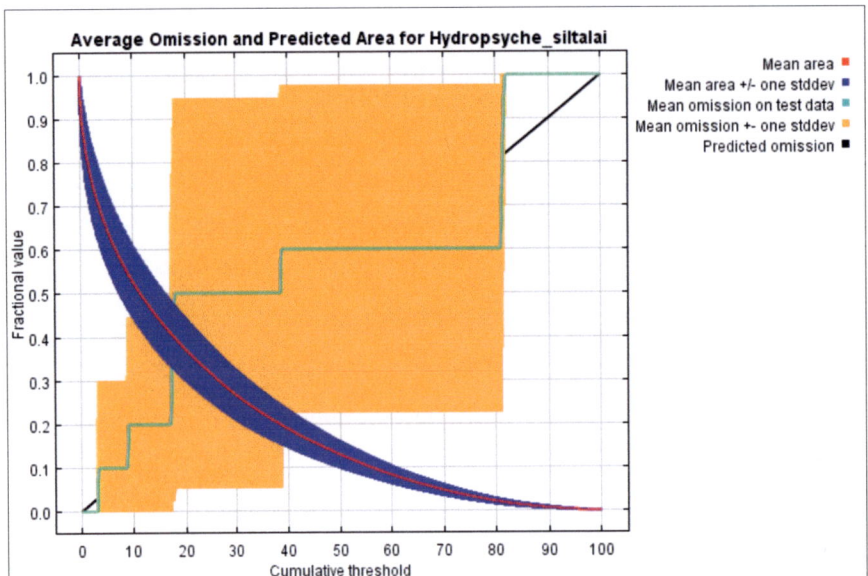

Abb. 3: Absenzrate. Abgebildet sind die Absenzrate (mean *omission*) mit Standardabweichung und die vorhergesagte Absenz (*predicted omission*) als Funktion des kumulativen Grenzwertes (*cumulative threshold*), sowie die Präsenz (*mean area*) mit Standardabweichung in Abhängigkeit des gewählten Grenzwertes.

Der Graph der Präsenz (mean area) in Abb. 3 zeigt wie hoch die Wahrscheinlichkeit eines Vorkommens bei einem bestimmten Grenzwert (threshold) ist. Man sieht, dass die Kurve schnell stark abfällt. Die Standardabweichung der fünf Durchgänge ist dabei gering.

Der Graph der Absenzrate (mean omission) zeigt die Beziehung zwischen der vorhergesagten Absenz und der Absenz der Testdaten, die das Modell liefert. Liegt keine Verzerrung vor, sollte es eine 1:1 Beziehung sein. Die Standardabweichung ist relativ groß, im Mittel liegt die Absenzrate jedoch gut auf der vorhergesagten Absenz.

Der zweite Graph (Abb. 4) zeigt die *receiver operating characteristic* (ROC) Kurve mit Standardabweichung der fünf Durchläufe. Für ein perfektes Modell müsste diese Kurve senkrecht steigen und dann parallel zur Abszisse verlaufen. Je näher sie an der Winkelhalbierenden liegt, desto zufälliger ist das Ergebnis des Modells.

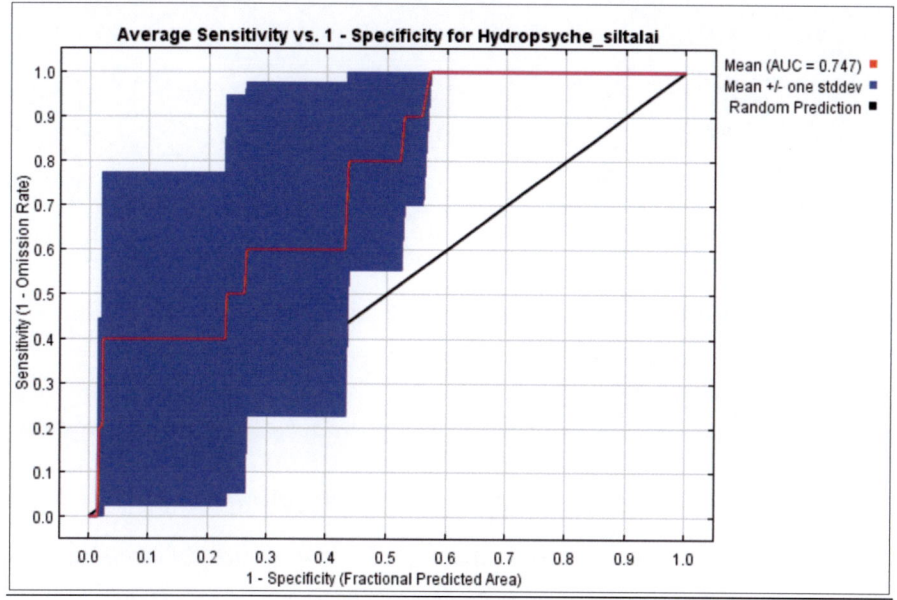

Abb. 4: ROC-Kurve, AUC und Standardabweichung. Abgebildet ist die ROC-Kurve (rot) mit Standardabweichung (blau). Die area under the curve (AUC) beträgt 0,747 (±0,161).

In Abb. 4 sieht man, dass die ROC-Kurve leicht über der Diagonalen lieg. Der Wert der AUC beträgt dabei 0,747 und liegt mit einer Standardabweichung von 0,161 nur knapp über der 0,5-Marke.

Als Ergebnis zur räumlichen Verteilung liefert Maxent eine Karte, die farblich die Wahrscheinlichkeit eines Vorkommens der untersuchten Art im untersuchten Gebiet zeigt. Dazu wird ebenfalls farblich die Standardabweichung, resultierend aus den fünf Durchläufen, angegeben. Die Farbskala verläuft dabei von Blau (geringe Wahrscheinlichkeit eines Vorkommens) nach Rot (hohe Wahrscheinlichkeit).

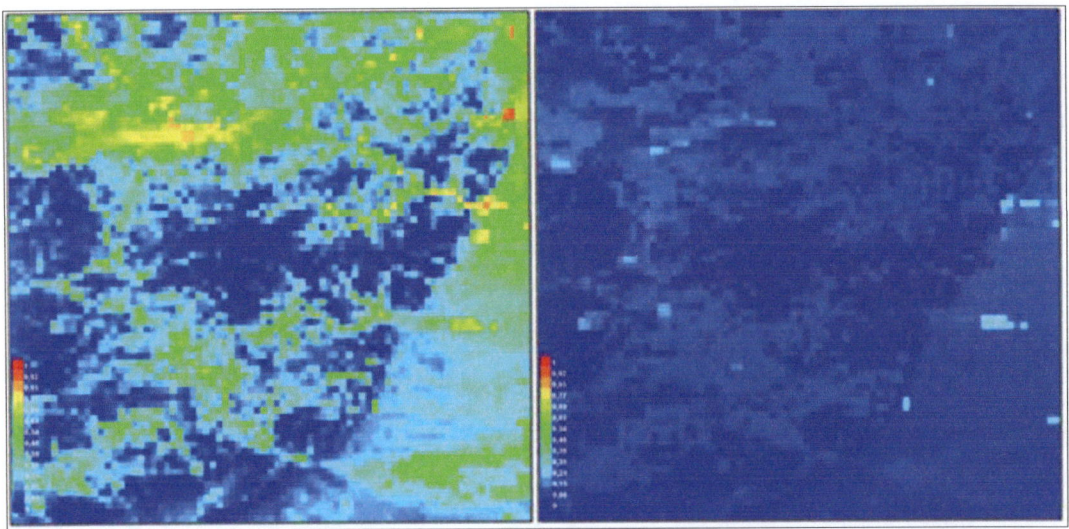

Abb. 5: Potentielle Verbreitungskarte mit Standardabweichung. Links das wahrscheinliche Vorkommen von *H. siltalai*, rechts die Standardabweichung der Prognose.

Man kann in Abb. 5 erkennen, dass rund um die Fundorte die Wahrscheinlichkeit eines Vorkommens von *H. siltalai* am größten ist. Außerdem ist die Grenze des Pfälzerwaldes zu erkennen (rechte untere Hälfte). Die Standardabweichung ist im gesamten Gebiet relativ gering (dunkel- bis hellblau).

Als nächstes liefert Maxent Informationen über die ökologische Nische der Art. Dazu wird der relative Beitrag der einzelnen Umweltfaktoren am Gesamtmodell geschätzt. Dies ist ein heuristischer Wert. Außerdem wird der relative Beitrag am Modell angegeben, nach dem die Präsenzdaten und die Hintergrunddaten zufällig ausgetauscht wurden (*permutation importance*). Die angegeben Werte sind Mittelwerte der fünf Wiederholungen.

Tab. 4: Die wichtigsten Umweltfaktoren

Prozentualer Beitrag		Beitrag nach Austausch	
Variable	Anteil [%]	Variable	Anteil [%]
Niederschlag Mai	23,6	Niederschlag Mai	35,5
Min. Temp. Dez.	13,1	Bodenbedeckung	31,3
Niederschlag Nov.	5,9	Min. Temp. Dez.	26,2
Niederschlag feuchtestes Quartal	5,2	Niederschlag Nov.	5,0
Mittlere Temperatur trockenstes Quartal	4,1	Niederschlag Juni	0,9

Tab. 4 zeigt die Umweltfaktoren, die für das Model am wichtigsten sind. Diese sind, sortiert nach ihrem prozentualen Anteil, der Niederschlag im Mai (23,6%), die minimale Temperatur im Dezember (13,1%), der Niederschlag im November (5,9%), der Niederschlag im feuchtesten Quartal (5,2%) und die durchschnittliche Temperatur im trockensten Quartal (4,1%). Nach zufälligem Austausch von Präsenzdaten und Hintergrunddaten sind die wichtigsten Faktoren ebenfalls der Niederschlag im Mai (35,5%) und November (5,0%) und die durchschnittliche Temperatur im Dezember (26.2%), sowie außerdem noch die Bodenbedeckung (31,3%) und der Niederschlag im Juni (0,9%).

Die Wirkungskurven (*response curves*) sind nur für die wichtigsten Faktoren (Tab. 4) abgebildet. Sie zeigen, wie die jeweilige Variable die Vorhersage des Modells beeinflusst. Dabei sieht man, wie sich eine ändernde Variable auf die Wahrscheinlichkeit des Vorkommens auswirkt, wenn alle anderen Faktoren gleich bleiben.

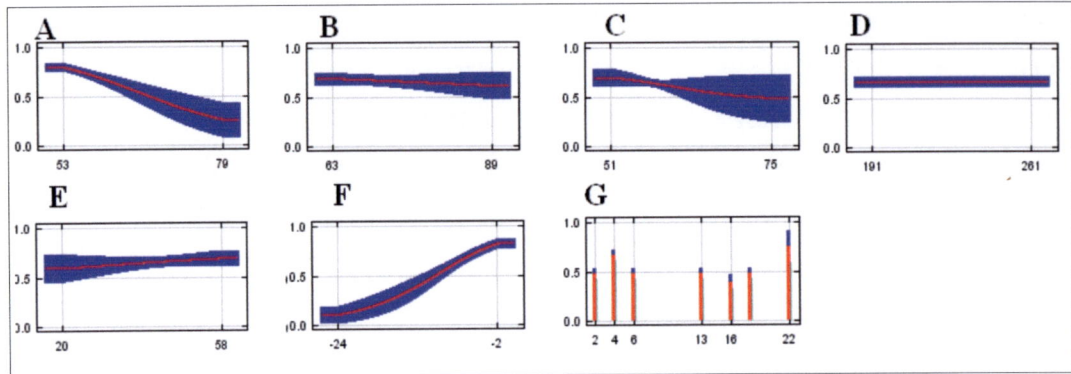

Abb. 6: Wirkungskurven der wichtigsten Umweltvariablen. (A) Niederschlag Mai, (B) Niederschlag Juni, (C) Niederschlag November, (D) Niederschlag feuchtestes Quartal, (E) mittlere Temperatur trockenstes Quartal, (F) minimale Temperatur Dezember, (G) Bodenbedeckung. Die Abszisse zeigt dabei jeweils den Wert der Variable beziehungsweise die Kategorie, die Ordinate die Wahrscheinlichkeit für ein Vorkommen der Art.

In Abb. 6 sieht man, dass ein erhöhter Niederschlag (A, B, C) zu einer geringeren Wahrscheinlichkeit eines Vorkommens führen würde. Dabei wirkt sich ein erhöhter Niederschlag im Mai stärker aus als im Juni beziehungsweise im November.

Eine erhöhte Temperatur (E, F) wirkt sich hingegen positiv auf die Wahrscheinlichkeit zum Vorkommen aus. Besonders ein höherer Wert für die niedrigste Temperatur im Dezember würde zu einer höheren Wahrscheinlichkeit für ein Vorkommen führen.

Für die Bodenbedeckung (G) zeigt Maxent, dass Kategorie 22 (*künstliche Oberflächen*) die Wahrscheinlichkeit am stärksten positiv beeinflusst.

Als letztes der Ergebnisse folgt der *Jackknife-Test* (Abb 7). Er zeigt, welche der Umweltvariablen die größte Information enthält, wenn sie alleine verwendet wird, und welche Variable die Vorhersage des Modells am stärksten negativ beeinflusst, wenn sie nicht mit berücksichtig wird. Die Werte sind wieder Mittelwerte aller fünf Durchgänge.

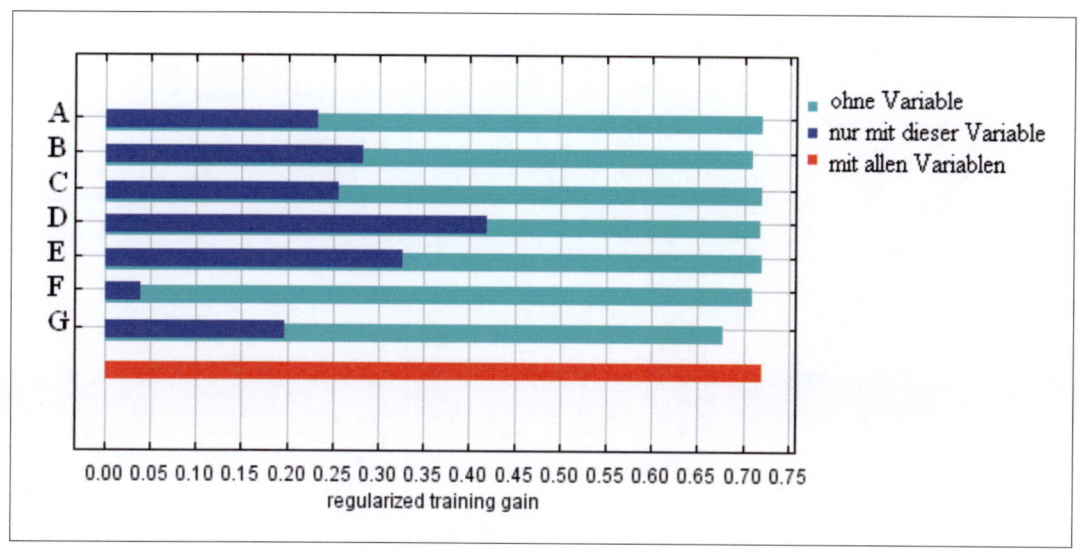

Abb. 7: **Jackknife-Test für die wichtigsten Umweltvariablen.** (A) Bodenbedeckung, (B) Niederschlag im Mai, (C) Niederschlag im Juni, (D) Niederschlag im November, (E) Niederschlag feuchtestes Quartal, (F) mittlere Temperatur trockenstes Quartal, (G) minimale Temperatur Dezember.

Der *Jackknife-Test* (Abb. 7) zeigt, dass die Variable mit der meisten neuen Information der Niederschlag im November (D) ist. Die geringste Information für sich alleine hat die mittlere Temperatur im trockensten Quartal (F). Die Variable, die das Ergebnis am meisten beeinträchtig falls sie weggelassen wird, ist die minimale Temperatur im Dezember (G).

3.2.3 Nischenmodellierung für *Sericostoma personatum*

Als nächstes wurde für die Art *S. personatum* eine Modellierung durchgeführt. Sie wurde gewählt, da sie von den gefundenen Arten neben *Lasiocephala basalis* am zweit häufigsten vorkam (Tab. 2), und zusammen mit den Fundorten aus anderen Arbeiten gibt es für diese Art die meisten dokumentierten Vorkommen (Tab. 3). Es sind wieder die wichtigsten Ergebnisse der Maxent-Analyse zusammengefasst, da die Fülle an Daten zu groß wäre.

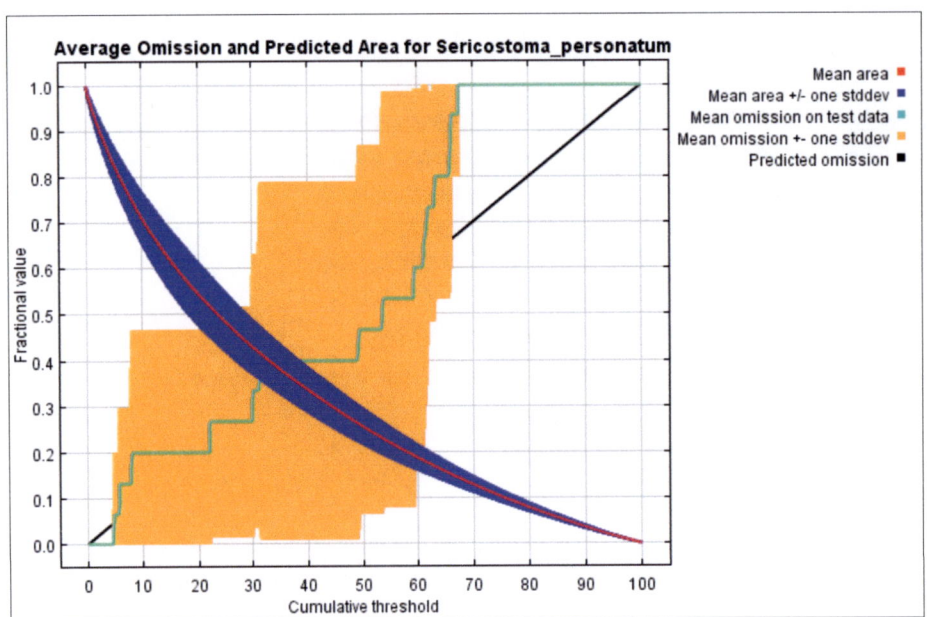

Abb. 8: Absenzrate. Zu sehen sind die Absenzrate (mean omission) mit Standardabweichung und vorgesagter Absenz (predicted omission), sowie die Präsenz in Abhängigkeit des kumulativen Grenzwertes (cumulative threshold).

Man kann in Abb. 8 erkennen, dass die Kurve der Präsenz in Abhängigkeit des Grenzwertes (blau) langsam fällt und die Standardabweichung dabei sehr gering ist.

Die Absenzrate (grün) verläuft nahe an der vorhergesagten Absenz (schwarz). Wie bereits erwähnt, sollte im besten Fall ein 1:1 Verhältnis vorliegen. Diesem Verhältnis kommen die Kurven relativ nahe.

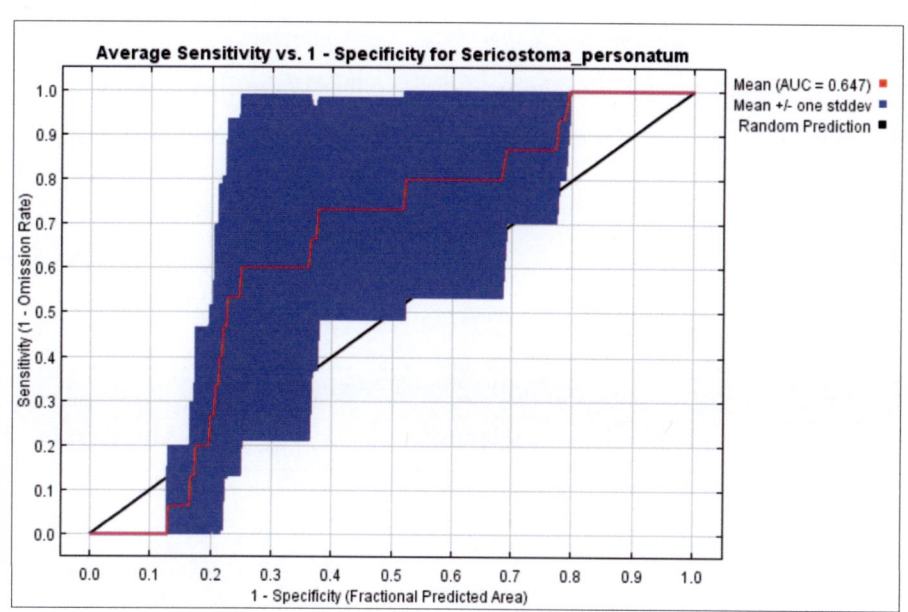

Abb. 9: ROC-Kurve, AUC und Standardabweichung. Die ROC-Kurve ist in rot, die Standardabweichung in blau dargestellt. Die AUC beträgt dabei 0,647 (±0,146).

Die in Abb. 9 dargestellte ROC-Kurve steigt nur sehr langsam an, wodurch eine kleine AUC (0,647) resultiert.

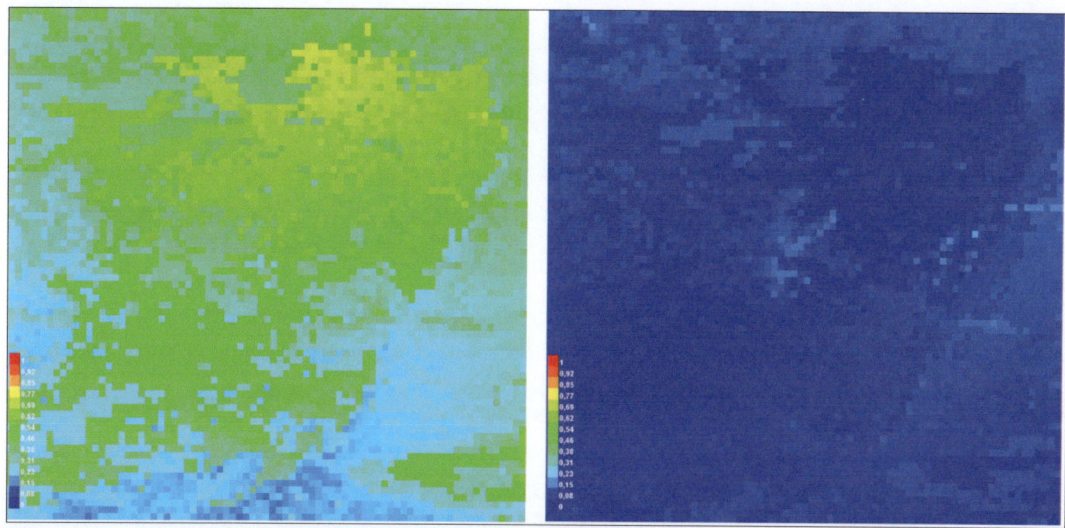

Abb. 10: Potentielle Verbreitungskarte mit Standardabweichung. Abgebildet ist die potentielle Verbreitung von *S.personatum* (links) mit Standardabweichung (rechts).

Die Karte in Abb. 10 zeigt, dass für die Art *S. personatum* im ganzen untersuchten Gebiet eine mittlere Wahrscheinlichkeit für ein Vorkommen vorliegt. Die Wahrscheinlichkeit nimmt dabei von Norden nach Süden ab. Die Standardabweichung ist über das gesamte Gebiet sehr gering.

Tab. 5: Die wichtigsten Umweltfaktoren

Prozentualer Beitrag		Beitrag nach Austausch	
Variable	**Anteil [%]**	**Variable**	**Anteil [%]**
Niederschlag Mai	23.7	Bodenbedeckung	40.5
Mittlere Temp. Januar	5.2	Niederschlag Mai	37.4
Mittlere Temp.-Differenz zwischen Tag und Nacht	4.1	Saisonaler Niederschlag	5.4
Saisonaler Niederschlag	3.1	Mittlere Temp. Januar	5.1
Isothermalität	1.1	Mittlere Temp. des trockensten Quartals	3.7

Die Modellierung ergab als wichtigste Umweltfaktoren für die Verbreitung von *S. personatum* den Niederschlag im Mai (23.7 %), die mittlere Temperatur im Januar (5.2 %), die mittlere Temperaturdifferenz zwischen Tag und Nacht (4.1 %), den saisonalen Niederschlag (3.1 %) und die Isothermalität (1.1 %, Definition siehe 6.1).

Für den zufälligen Austausch von Präsenz- und Hintergrunddaten ergab die Analyse als wichtigste Faktoren die Bodenbedeckung (40.5 %) und die mittlere Temperatur des trockensten Quartals (3.7 %), sowie erneut den Niederschlag im Mai (37.4 %), den saisonalen Niederschlag (5.4 %) und die mittlere Temperatur im Januar (5.1 %).

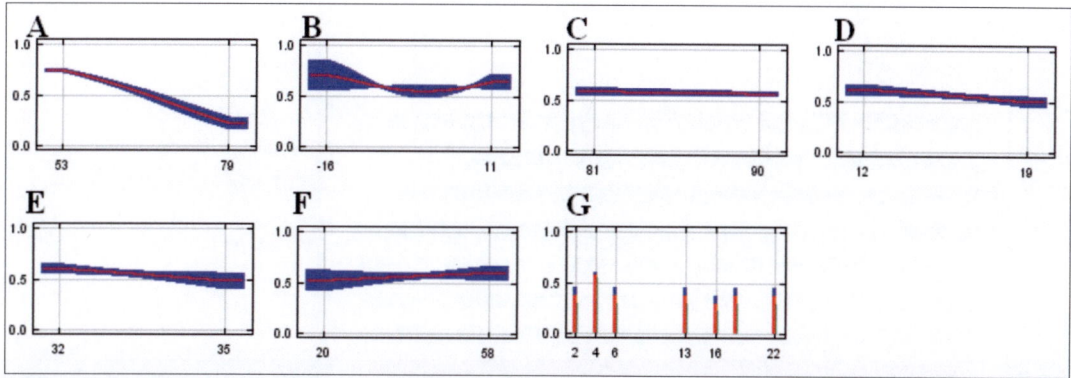

Abb. 11: Wirkungskurven der wichtigsten Umweltvariablen. (A) Niederschlag Mai, (B) mittlere Temperatur Januar, (C) Temperaturdifferenz zwischen Tag und Nacht, (D) Saisonaler Niederschlag, (E) Isothermalität, (F) mittlere Temperatur des trockensten Quartals, (G) Bodenbedeckung.

In Abb. 11 sind die Wirkungskurven der wichtigsten Umweltvariablen abgebildet. Dabei sieht man, dass, wenn sich der Niederschlag im Mai (A) oder der saisonale Niederschlag (D) erhöhen, es zu einer geringen Wahrscheinlichkeit für ein Vorkommen von *S. personatum* kommt. Bei der mittleren Temperatur im Januar (B) zeigt die Kurve, dass Temperaturen um den Gefrierpunkt sich negativ auf die Wahrscheinlichkeit eines Vorkommens auswirken. Eine höhere Temperaturdifferenz zwischen Tag und Nacht (C) wirkt sich nur sehr gering auf das wahrscheinliche Vorkommen der untersuchten Art aus. Man sieht auch, dass sich eine höhere Isothermalität (E) und eine geringere Temperatur des trockensten Quartals (F) negativ auf ein Vorkommen auswirken. Bei der Bodenbedeckung (G) ist Kategorie 4 (*immergrüner Nadelwald*, Tab. 6) für ein Vorkommen die wichtigste.

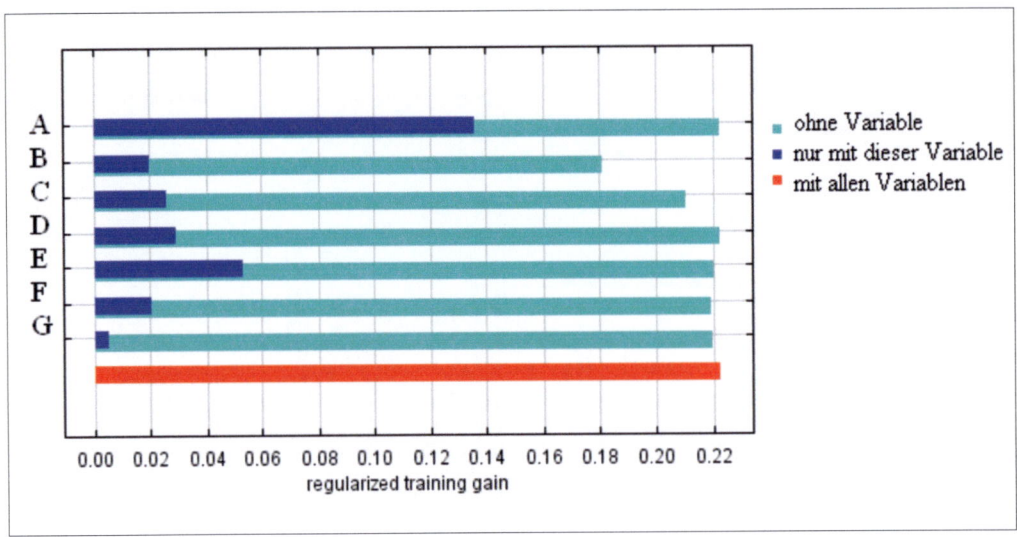

Abb. 12: Jackknife-Test der wichtigsten Umweltvariablen. (A) Bodenbedeckung, (B) Niederschlag im Mai, (C) mittlere Temperatur Januar, (D) Temperaturdifferenz zwischen Tag und Nacht, (E) Niederschlag feuchtestes Quartal, (F) mittlere Temperatur trockenstes Quartal, (G) minimale Temperatur Dezember.

Der *Jackknife-Test* für die wichtigsten Variablen (Abb. 12) ergab, dass die Bodenbedeckung (A) die meiste Information enthält und die minimale Temperatur im Dezember (G) die wenigste. Für das Modell ist es am schlechtesten, wenn man den Niederschlag im Mai (B) nicht mitberücksichtigt.

4. Diskussion

4.1 Speyerbachbeprobung

Die Beprobung des Speyerbachs erfolgte im Zeitraum vom 12.2. - 23.2.2013. Dabei wurde jede Probestelle zwar gründlich beprobt, jedoch nur einmal. Eine mehrmalige Beprobung der Stellen über einen längeren Zeitraum hinweg hätte dazuführen können, dass mehr als die sechs Arten gefunden worden wären. Je nach Art kann die Larvalentwicklung zeitlich unterschiedlich verlaufen, sodass bestimmte Arten nur zu bestimmten Zeiten im Gewässer vorkommen (Waringer & Graf, 2011). Neben den sechs verschiedenen Arten wurden noch weitere Larven gefunden, die jedoch schon verpuppt oder noch nicht im letzten Larvalstadium waren und deshalb nicht bestimmt werden konnten.

Die gefundenen Arten (Tab. 2) gehören alle unterschiedlichen Familien an. Ihnen ist gemein, dass sie allesamt rheophil sind, was bedeutet, dass alle Arten in Fließgewässern leben (Waringer & Graf, 2011). *Polycentropus flavomaculatus* kann zusätzlich auch in stehenden Gewässern wie Seen vorkommen (Ludwig, 1993; Waringer & Graf, 2011).

Die Arten *Hydropsyche siltalai* und *Sericostoma personatum* bevorzugen das Rhithral von rasch fließenden Bächen als Lebensraum (Engelhardt et al., 2008; Waringer & Graf, 2011). Diesem Bereich entspricht die untersuchte Strecke des Speyerbachs. Außerdem wurden sie schon häufig in Fließgewässern des Pfälzerwaldes gefunden (Tab. 3), was für einen Fund im Speyerbach spricht.

Als Verbreitungsschwerpunkt für die Art *Rhyacophila producta* geben Waringer & Graf (2011) anthropogen unbeeinflusste Quellen, Bäche und kleine Flüsse an, was nicht auf den untersuchten Abschnitt zutrifft. Das gefundene Individuum könnte jedoch von der Strömung von einem früheren Bachabschnitt, wo der Speyerbach noch relativ naturbelassen ist, in diesen Abschnitt gespült worden sein. Diese Art wurde auch bei allen sieben Probestellen nur einmal gefunden (Tab. 2).

4.2 Nischenmodellierung

Als Grundlage der Modellierung dienten die eigenen Fundorte der Art, sowie die Fundorte aus anderen Arbeiten, sodass für *Hydropsyche siltalai* insgesamt 10, für *Sericostoma personatum* 23 dokumentierte Vorkommen genutzt werden konnten (Tab. 2). Laut Phillips,

Anderson & Schapire (2006) ist ein gutes Modell zwar auch mit weniger als 25 Fundorten möglich, Guisan et al. (2007) fordern für eine sichere Prognose jedoch ca.100 Fundorte. Für eine bessere Prognose der erhaltenen Modelle wären also mehr Fundorte nötig gewesen, im Rahmen der Bachelorarbeit jedoch nicht möglich.

Fehler bei der Bestimmung der Arten oder bei der Zuordnung der Koordinaten zu den Fundorten können zwar möglich sein und würden so das Ergebnis des Modells verfälschen, sind aber eher unwahrscheinlich. Die Umweltdaten stammen von *worldclim* beziehungsweise *DIVA-GIS* und gelten als wissenschaftlich anerkannt.

Es muss immer berücksichtigt werden, dass die Larven von Köcherfliegen im Wasser leben. Die verwendeten Werte für Temperatur beziehen sich jedoch nicht auf das dortige Gewässer, sondern auf die Umgebung. So führt eine erhöhte Lufttemperatur erst mit einer gewissen Verzögerung zu einer erhöhten Wassertemperatur, da sich Gewässer langsamer erwärmen und langsamer abkühlen (Schönborn, 1992). Auch vom Niederschlag sind die Larven nicht direkt beeinflusst, sondern indirekt über die Höhe des Wasserpegels und die Strömungs-geschwindigkeit. So kann sogar ein Niederschlagereignis oberhalb des Baches durch die fortlaufende Welle des Fließgewässers auch Larven betreffen, die erst weiter unterhalb des Baches leben. Die adulten Köcherfliegen können jedoch während ihres Lebens an Land direkt durch den Niederschlag betroffen sein. Die Bodenbedeckung ist auch nicht im Gewässer erfasst, sondern nur am Ufer und der Umgebung, kann aber die Larven durch ins Wasser abgegebenes organisches Material sowohl direkt als auch durch Beschattung indirekt beeinflussen. Wenn das Modell für ein bestimmtes Gebiet eine hohe Wahrscheinlichkeit für ein Vorkommen angibt, es dort aber kein Gewässer gibt, werden dort dennoch keine Köcherfliegenlarven vorkommen. Maxent bezieht also die notwendige Bedingung eines Gewässervorkommens nicht in die Modellierung mit ein. Kuemmerlen et al. (2012) merken an, dass eine Modellierung für Fließgewässerorganismen eine „besondere Herausforderung" darstellt. Wichtige Faktoren der Modellierung, die nicht berücksichtig wurden, sind physikalisch-chemische Parameter, Substratverfügbarkeit, die Struktur des Flussbettes oder die Landnutzung im Einzugsgebiet (Kuemmerlen et al., 2012). Auch Savić et al. (2013) konnten zeigen, dass die Verteilung der Köcherfliegen im Gewässer stark von physikalischen und chemischen Paramatern abhängt. Für ein besseres Modell wären also sowohl hydrologische als auch hydraulische Daten nötig gewesen. Hydrologische Informationen können jedoch teilweise aus dem Gewässertyp abgeleitet werden. Dieser entspricht bei allen Fließgewässern im Untersuchungsgebiet Typ 5.1 (feinmaterialreiche, silikatische

Mittelgebirgsbäche). Nicht mitberücksichtig sind außerdem die Vorkommen anderer Arten im Gebiet, die zu Konkurrenz führen könnten. Somit entspricht die erhaltene Nische weitestgehend der fundamentalen Nische. Dennoch ist die Modellierung mit Klimadaten eine gute Methode, um in einem Gebiet die Wahrscheinlichkeit für ein Vorkommen zu beurteilen und abzuschätzen.

4.2.1 Nischenmodellierung für *Hydropsyche siltalai*

Sowohl die Absenzrate als auch die ROC-Kurve zeigen kein perfektes, aber ein gutes Ergebnis für die Güte des Modells. Für ein perfektes Modell sollte die ROC AUC bei 1 liegen, für ein Modell, das nicht besser ist als der Zufall, liegt der Wert bei 0,5 (Fawcett, 2003). Maxent lieferte für das Modell einen ROC AUC Wert von 0,747 (±0,161) (Abb. 3) und ist damit auch unter Berücksichtigung der Standardabweichung über 0,5. Das Modell ist also besser als eine zufällige Verteilung, jedoch nicht perfekt. Hosmer und Lemeshow (2000) sprechen bei einer ROC AUC zwischen 0,7 und 0,8 von einer „akzeptablen" und ab 0,8 von einer „exzellenten" Übereinstimmung des Modells.

Betrachtet man die potentielle Verbreitungskarte (Abb. 5) sieht man, dass die Wahrscheinlichkeit eines Vorkommens rund um die Fundstellen am größten ist, was daran liegt, dass sich hier die Werte der Umweltdaten nur gering unterscheiden. Außerdem kann man den östlichen Rand des Pfälzerwaldes erkennen. Er ist als Grenze zwischen den dunkelblauen und hellblauen Bereichen in der rechten Hälfte zu erkennen. Diese Grenze kommt wahrscheinlich dadurch zustande, dass sich die Umweltbedingungen ab diesem Punkt deutlich verändern. Man kann jedoch nicht sagen, dass die Wahrscheinlichkeit eines Vorkommens innerhalb oder außerhalb des Waldes größer ist, da in beiden Gebieten grüne Bereiche vorkommen. Die Standardabweichung (Abb. 5) ist im untersuchten Gebiet überwiegend gleichmäßig niedrig, was zeigt, dass sich die Karten bei allen fünf einzelnen Modellierungen nur kaum unterscheiden.

Die Ergebnisse der wichtigsten Umweltfaktoren, sowie die Wirkungskurven und der *Jackknife-Test*, liefern Auskunft über die ökologische Nische von *Hydropsyche siltalai*. Den größten Anteil an der Nischenmodellierung hat der Faktor Niederschlag im Mai (Tab. 4), sowohl bei der normalen Berechnung (23,6 %) als auch nach Austausch von Präsenz- und Hintergrunddaten (35,5). Er macht dabei knapp ein Viertel beziehungsweise mehr als ein Drittel des Anteils am Modell aus. Die Wirkungskurve dieser Variable zeigt, dass ein stärkerer Niederschlag in diesem Monat zu einer geringen Wahrscheinlichkeit eines Vorkommens führt (Abb. 6). Der Niederschlag kann die Strömungsgeschwindigkeit beeinflussen, was bei den Hydropsychidenlarven den Netzbau und damit die Ernährung beeinflusst (Waringer & Graf, 2011). Eine zu starke Strömung, verursacht durch zu starke Niederschläge, könnte sich also negativ auf die Ernährung auswirken. Die ersten Larven von *Hydropsyche siltalai* schlüpfen im Juni und Juli (Waringer & Graf, 2011). Zu starke Niederschläge in Mai könnten auch dafür sorgen, dass zu viele Eier vor dem Schlupf von der stärkeren Strömung erfasst und weggespült werden. Die Strömung ist der dominierende Auslesefaktor der Fließgewässer (Schönborn, 1992). Außerdem könnten zu starke Niederschläge auch direkt die Imagines beeinträchtigen, die sich im Gegensatz zu den Larven außerhalb der Gewässer aufhalten. Wie der Niederschlag im Mai verhält sich auch der Niederschlag im Juni. Auch hier zeigt die Wirkungskurve, dass ein erhöhter Niederschlag sich negativ auf ein Vorkommen auswirkt (Abb. 6). Ein weiterer wichtiger Faktor ist die minimale Temperatur im Monat Dezember (Tab. 4). Der *Jackknife-Test* ergab für diese Variable, dass sie durch ein Weglassen das Modell am stärksten negativ beeinflusst (Abb. 7). Das bedeutet, dass dieser Faktor die meiste Information über die Verbreitung enthält, die nicht in den anderen Umweltvariablen vertreten ist. Die Wirkungskurve zeigt, dass eine höhere Temperatur zu einer höheren Wahrscheinlichkeit für ein Vorkommen führt (Abb. 6). Eine höhere Temperatur im Dezember wirkt sich zeitlich verzögert auf die Wassertemperatur aus, sodass diese im Frühjahr höher ist. Im Dezember überwintern die Larven von *Hydropsyche siltalai* im dritten Larvenstadium und erreichen ab März schnell die beiden letzten Stadien (Waringer & Graf, 2011). Erhöhte Temperaturen im Winter beeinflussen sowohl den Erfolg der Eiablage als auch den Lebenszyklus von Insekten (Bradley & Ormerod, 2001) und können dazu führen, dass einjährige Insekten zu mehrjährigen werden (Schönborn, 1992). Weitere wichtige Faktoren sind der Niederschlag des feuchtesten Quartals und die mittlere Temperatur des trockensten Quartals (Tab. 4). Diese Variablen sind abhängig vom monatlichen Niederschlag beziehungsweise der monatlichen mittleren Temperatur. Die Bodenbedeckung ist als einziger Umweltfaktor kategorisch. Die Modellierung ergab, dass ein Vorkommen von *H. siltalai* in bebauten (künstlichen) Umgebungen am wahrscheinlichsten ist. In Gewässern in urbanen Gebieten ist die organische Belastung meist erhöht. Bei der Art *H. contubernalis* kann dies zu einem massenhaften Auftreten führen (Waringer & Graf, 2011), dies könnte ähnlich bei *H. siltalai* sein. Der *Jackknife-Test* ergab für diesen Faktor, dass er allein die meisten Informationen über die Verbreitung enthält.

4.2.2 Nischenmodellierung für *Sericostoma personatum*

Die Köcherfliegenart S. personatum ist mit 23 Fundorten (Tab. 3) im Pfälzerwald und angrenzendem Gebiet sehr häufig vertreten. Die Absenzrate der Modellierung (Abb. 8) stimmt mit der vorhergesagten Absenz überein und die Präsenz weist eine geringe Standardabweichung auf. Das spricht für eine gute Modellierung. Die ROC-AUC (Abb. 9) ist jedoch mit 0,647 und einer Standardabweichung von 0,146 sehr niedrig, was die Aussagekraft des Modells mindert.

Durch das hohe Vorkommen über das gesamte Untersuchungsgebiet verteilt, zeigt die potentielle Verbreitungskarte (Abb. 9) bis auf den äußersten Süden eine mittlere Wahrscheinlichkeit eines Vorkommens mit einer durchweg geringen Standardabweichung.

Zur ökologischen Nische liefert das Modell, dass mit 23,7% der Niederschlag im Mai (Tab. 5), wie auch bei der Nischenmodellierung bei *H. siltalai*, der wichtigste Faktor der Modellierung ist. Nach zufälligem Austausch von Präsenz- und Hintergrunddaten hat der Niederschlag im Mai (37,4%) zusammen mit der Bodenbedeckung (40,5%) einen Anteil von über 75% des Modells. Dabei zeigen die Wirkungskurven, dass die wichtigste Bodenbedeckung der immergrüne Nadelwald (Abb. 11) ist. *S. personatum* lebt als Larve in einem Sandköcher und ernährt sich als Zerkleinerer (Warninger & Graf, 2011). Durch Darmanalysen konnte Elliot (1969) nachweisen, dass sie sich hauptsächlich von Algen sowie terrestrischen und aquatischen Pflanzenfragmenten ernähren, weshalb sie wahrscheinlich auf eine Waldumgebung angewiesen sind. Die Wirkungskurve des Niederschlags im Mai (Abb. 11) zeigt, dass ein Vorkommen mit zunehmendem Niederschlag unwahrscheinlicher wird. Wie bereits erwähnt, wirken sich die Niederschläge auf die Strömungsgeschwindigkeiten der Fließgewässer aus. Die Larven von *S. personatum* schlüpfen zwischen März und Juni (Waringer & Graf, 2011). Erhöhte Niederschläge in diesem Zeitraum könnten dazu führen, dass die Strömung die Eier beziehungsweise junge Larven wegspült oder die Imagos an der Eiablage gehindert werden. Mit einem Anteil von 5,2 % (5,1 % nach Austausch) hat die mittlere Temperatur im Januar einen geringen Wert. Der Anteil aller anderen Faktoren am Modell liegt noch darunter.

4.2.3 Vergleich der Nischen von *H. siltalai* und *S. personatum*

Beim Vergleich der Modellierungen der beiden Arten ist als erstes zu nennen, dass mit 23 Fundorten die Art *S. personatum* mehr als doppelt so oft im Untersuchungsgebiet gefunden wurde wie *H. siltalai*. Dennoch ist das Modell von *H. siltalai* (ROC-AUC: 0,747 ±0,161) besser als das von *S. personatum* (ROC-AUC: 0,647 ±0,146).

Als Gemeinsamkeit der ökologischen Nische ergaben die Modelle bei beiden Arten, dass sowohl der Niederschlag im Mai als auch die Bodenbedeckung den größten Anteil am Modell haben (Tab. 4, Tab. 5). Ebenso wirkt sich ein erhöhter Niederschlag bei beiden Arten negativ auf das Vorkommen aus.

Ein Unterschied, den die Modellierungen ergaben, ist, welche Kategorie der Bodenbedeckung die wichtigste darstellt. Für *H. siltalai* ist ein Vorkommen in künstlichen Gebieten am wahrscheinlichsten, wohingegen ein Vorkommen von *S. personatum* am wahrscheinlichsten in immergrünen Nadelwäldern ist. Das könnte eine Möglichkeit sein, wie sie in einem Fließgewässer koexistieren können. Weiterhin ist für *H. siltalai* die minimale Temperatur im Dezember wichtig, während für *S. personatum* die mittlere Temperatur im Januar entscheiden ist. Auch das könnte eine mögliche Differenzierung der Nischen sein.

Eine weitere Differenzierung ist die Ernährung. Larven der Familie *Hydropsychidae* bauen Fangnetze und filtern damit selektiv ihre Nahrung, bevorzugt Daphnien; *Sericostomatidae*-Larven sind nachtaktiv und leben als Zerkleinerer von Pflanzenmaterial (Warninger & Graf, 2011). Damit müssen beide Arten nicht um Nahrung konkurrieren.

Zusammenfassend konnte gezeigt werden, dass sich die ökologischen Nischen von *H. siltalai* und *S. personatum* zwar ähneln, es aber auch wichtige Unterschiede gibt, die eine langfristige Koexistenz möglich machen könnten. Es ist jedoch daran zu denken, dass die Güte der Modelle keine sehr große Aussagekraft zulässt und für ein besseres Ergebnis ein größeres Gebiet hätte beprobt werden müssen, sowie weitere Parameter genutzt werden sollten, was aber im Rahmen dieser Bachelorarbeit nicht möglich war.

5. Literaturverzeichnis

Bradley, David C., Ormerod, S. J. (2001): Community persistence among stream invertebrates tracks the North Atlantic Oscillation. *Journal of Animal Ecology.* 70, 987–996

Elliot, J. M. (1969): Life History and Biology of Sericostoma personatum Spence (Trichoptera). *Oikos.* 20, 110-118

Elith, Jane, Phillips, Steven J., Hastie, Trevor, Dudík, Miroslav, Chee, Yung En & Yates Colin J. (2011): A statistical explanation of MaxEnt for ecologists. *Diversity and Distribution.* 17, 43–57

Engelhardt, Wolfgang, Martin, Peter, Rehfeld, Klaus & Pfadenhauer Jörg (2008): Was lebt in Tümpel, Bach und Weiher?, Pflanzen und Tiere unserer Gewässer. Stuttgart: Kosmos Verlag, 16. Auflage

Fawcett, Tom (2003): ROC Graphs: Notes and Practical Considerations for Data Mining Researchers. *HP Laboratories Palo Alto*, 2003, 4

Förster, Helga (2012): Sedimentbilanzierung in Mittelgebirgen: Historische Bodenerosion mesoskaliger Einzugsgebiete am Beispiel des Speyerbachs, Pfälzerwald. *Univ.-Bibliothek Frankfurt am Main.* urn:nbn:de:hebis:30:3-243502

Franklin, Janet (2009): Mapping species distributions: spatial inference and prediction. Cambrige: Cambridge University Press.

Geiger, Michael (2010): Geographie der Pfalz. Landau (Pfalz): Verlag Pfälzischer Landeskunde. 1. Auflage

Google Inc.: Google Earth 2013 (v. 7.1.1.1888. Mountain View. Verfügbar online unter http://www.google.de/intl/de/earth/index.html. Stand 12.7.2013

Guisan, Antoine, Zimmermann, Niklaus E., Elith, Jane, Graham, C.H., Phillips, Steven & Peterson, A. T. (2007): What matters for predicting the Occurences of trees, techniques, data, or species´ characteristics? *Ecologial Momographs*, 77, 615-630

Holzenthal, Ralph W., Blahnik, Roger J., Prather, Ayshal & Kjer, Karl M. (2007): Order Trichoptera Kirby, 1813 (Insecta), Caddisflies. *Zootaxa.* 1668. 639-698

Hosmer, David W., Lemeshow, Stanley (2000): Applied Logistics Regression. Hoboken: John Wiley and Sons, Inc. 2. Auflage

Kuemmerlen, Mathias, Domisch, Sami, Schmalz, Britta, Qinghua, Cai, Fohrer, Nicola & Jähnig, Sonja C. (2012): Integrierte Modellierung von aquatischen Ökosystemen in China: Arealbestimmung von Makrozoobenthos auf Einzugsgebietsebene. *HyWa*. 4(3) 185-192

Kusch, Jürgen & Schmitz Anna (2013): Environmental factors affecting the differential use of forging habitat by three sympatric species of *Pipistrellus*. *Acta Chiropterologica*. 15(1), 57-67

Landesamt für Umwelt, Wasserwirtschaft und Gewerbeaufsicht Rheinland-Pfalz (Hrsg.) (2010): Naturräumliche Gliederung von Rheinland-Pfalz, Liste der Naturräume. http://www.luwg.rlp.de

Ludwig, Herbert W. (1993): Tiere in Bach, Fluß, Tümpel, See. Merkmale, Biologie, Lebensraum, Gefährdung. München: BLV Verlagsgesellscgaft mbH. 2. Auflage

Maier, Klaus-Jürgen & Linnenbach, Michael (2001): Naturschutz-Praxis, Arbeitsblätter 25: Köcherfliegen - Baukünstler und Bioindikatoren unserer Gewässer. Karlsruhe: Hrsg. Landesanstalt für Umweltschutz Baden-Württemberg, 1. Auflage

Meier, Carolin, Haase, Peter, Rolauffs, Peter, Schindehütte, Karin, Schöll, Franz, Sundermann, Andrea & Hering, Daniel, (2006): Methodisches Handbuch Fließgewässerbewertung, Handbuch zur Untersuchung und Bewertung von Fließgewässern auf der Basis des Makrozoobenthos vor dem Hintergrund der EG-Wasserrahmenrichtlinie, http://www.fliessgewaesserbewertung.de.

Munk, Katharina (2009): Taschenlehrbuch Biologie: Evolution – Ökologie. Stuttgart: Georg Thieme Verlag

Phillips, Steven J., Dudík, Miroslav, Elith, Jane, Graham, Catherine H., Lehmann, Anthony, Leathwick, John & Ferrier, Simon (2009): Sample selection bias and presence-only distribution models: implications for background and pseudo-absence data. *Ecological Applications*, 19(1), pp. 181–197

Phillips, Steven. J., and Dudlík, Miroslav (2008): Modelling of species distributions with Maxent: new extensions and a comprehensive evaluation. *Ecography*. 31: 161–175.

Phillips, Steven J., Anderson, Robert P. & Schapire, Robert E. (2006): Maximum entropy modeling of species geographic distributions. *Ecological Modelling.* 190, 231–259

Savić, A., Randelović, V., Dordević, M., Karadžić, B., Đokić, M. & Krpo-Ćetković, J. (2013): The influence of environmental factors on the structure of caddisfly (Trichoptera) assemblage in the Nišava River (Central Balkan Peninsula). *Knowledge and Management of Aquatic Ecosystems.* 409, 03

Schönborn, Winfried (1992): Fließgewässerbiologie. Jena: Gustav Fischer Verlag

Townsend, Colin R., Harper, John L. & Begon, Michael (2009): Ökologie. Berlin, Heidelberg: Springer Verlag, 2. Auflage

Waringer, Johann & Graf, Wolfram (2004): Atlas der Österreichischen Köcherfliegenlarven unter Einfluss der angrenzenden Gebiete. Wien: Facultas Universitätsverlag

Waringer, Johann & Graf, Wolfram (2011); Atlas der mitteleuropäischen Köcherfliegenlarven – Atlas of Central European Trichoptera Larvae. Dinkelscherben: Eric Mauch Verlag

Westermann, Fulgor, Fischer, Jochen, Ehlscheid, Thomas, Wanner, Susanne, Prawitt, Olaf, Loch, Peter & Wendling, Klaus (2011): Gewässerzustandsbericht 2010 Ökologische Bilanz zur Biologie, Chemie und Biodiversität der Fließgewässer und Seen in Rheinland-Pfalz. Mainz: Landesamt für Umwelt, Wasserwirtschaft und Gewerbeaufsicht Rheinland-Pfalz

Zrzavy, Jan, Storch, David & Mihulka, Stanislav (2009): Evolution, Ein Lesebuch. Heidelberg: Spekrtum Akademischer Verlag

6. Abbildungsverzeichnis

Abb. 1: Maier, Klaus-Jürgen & Linnenbach, Michael (2001): Naturschutz-Praxis, Arbeitsblätter 25: Köcherfliegen - Baukünstler und Bioindikatoren unserer Gewässer. Karlsruhe: Hrsg. Landesanstalt für Umweltschutz Baden-Württemberg, 1. Auflage

Abb. 2: Google Inc.: Google Earth 2013 (v. 7.1.1.1888). Mountain View. Verfügbar online unter: http://www.google.de/intl/de/earth/index.html. Stand 12.7.2013

7. Anhang

7.1 Verwendete Umweltvariablen:

Höhenlage

Bodenbedeckung: - 2: Tree Cover, broadleaved, deciduous, closed

                                     - 4: Tree Cover, needle-leaved, evergreen

                                     - 6: Tree Cover, mixed leaf type

                                     - 13: Herbaceous Cover, closed-open

                                     - 16: Cultivated and managed areas

                                     - 22: Artificial surfaces and associated areas

Pfwaldprec 1-12:   mittlerer Niederschlag von Januar bis Dezember

Pfwaldmax 1-12:   maximale Temperatur von Januar bis Dezember

Pfwaldmean 1-12:   mittlere Temperatur von Januar bis Dezember

Pfwaldmin 1-12:   minimale Temperatur von Januar bis Dezember

Pfwaldbio 1-19:   - P1. Annual Mean Temperature

                                     - P2. Mean Diurnal Range (Mean(period max-min))

                                     - P3. Isothermality (P2/P7)

                                     - P4. Temperature Seasonality (Coefficient of Variation)

                                     - P5. Max Temperature of Warmest Period

                                     - P6. Min Temperature of Coldest Period

                                     - P7. Temperature Annual Range (P5-P6)

                                     - P8. Mean Temperature of Wettest Quarter

                                     - P9. Mean Temperature of Driest Quarter

                                     - P10. Mean Temperature of Warmest Quarter

                                     - P11. Mean Temperature of Coldest Quarter

                                     - P12. Annual Precipitation

                                     - P13. Precipitation of Wettest Period

                                     - P14. Precipitation of Driest Period

                                     - P15. Precipitation Seasonality (Coefficient of Variation)

                                     - P16. Precipitation of Wettest Quarter

                                     - P17. Precipitation of Driest Quarter

                                     - P18. Precipitation of Warmest Quarter

                                     - P19. Precipitation of Coldest Quarter